KB244139

너도 보이니? ⑩

월터 윅 지음 | 고향옥 옮김

달리

너도 보이니? ❿
재미있는 착시의 세계
월터 윅 지음 | 고향옥 옮김

1판 1쇄 펴냄 2020년 8월 21일
1판 5쇄 펴냄 2023년 12월 8일

편집 정재은 | 디자인 심홍섭

펴낸이 박소연 | 펴낸곳 (주)도서출판 달리 | 등록 2002. 6. 4.(제10-2398호)
04008 서울시 마포구 희우정로 16길, 17-5 | 전화 02) 333-3702 | 팩스 02) 333-3703
ISBN 978-89-5998-409-1 14400
      978-89-90364-57-9 (세트)

차 례

너도 보이니?

원숭이 한 마리,
잘 차려입은 생쥐 한 마리,
나비넥타이 두 개,
호랑이 한 마리,
거북이 세 마리, 나비 네 마리,
얼룩말 가면 한 개,
얼룩말 무늬 선글라스 한 개,
금빛 공작 깃털 하나,
파란 단추 하나,
도마뱀 한 마리,
멋진 갈기를 가진 사자 한 마리,
임금님의 왕관 하나,
다이아몬드로 장식된 검 한 자루,
루비 반지 하나!

가장 먼저 찾은 건?

너도 보이니?

물고기 한 마리,
낚시꾼 한 명,
우스꽝스러운 어릿광대 다섯 명,
비행기 세 대,
왕관 두 개,
돼지 한 마리,
송아지 한 마리,
지구본 하나, 달 하나,
빨간 무당벌레 한 마리,
열기구 한 대,
점무늬가 있는 도미노 열 개,
그리고 주사위가 아홉 개 있는데
같은 것을 또 세지 않게 주의해!

좀 어려워졌지?
다 찾았니?

너도 보이니?

빙글빙글 도는 발레리나 한 명,
도중에 잘린 실 한 올,
태엽 달린 치아 모형 하나,
손수레 두 대,
용수철이 달린 인형 하나,
딸기 한 알,
말 두 마리,
생쥐 두 마리,
축구 선수 한 명,
야구공 하나,
주사위 네 개,
토끼 한 마리,
당근 두 개,
노란 오리 주둥이 하나,
빙글빙글 도는 팽이 여섯 개까지!

다 찾았니?

너도 보이니?

알파벳 X 두 개,
곰 한 마리,
빨간 말코손바닥사슴 한 마리,
호랑이 한 마리, 나무 여섯 그루,
백조 한 마리, 거위 한 마리,
빨간 우산 하나,
파란 크레용 하나,
돼지 한 마리, 앵무새 한 마리,
분홍 클립 하나,
조그만 파란 의자 하나,
나무 빨래집게 하나,
시계 두 개, 튤립 한 송이,
그리고 종이로 만든
커다란 블록 세 개!

이 사진을 어떻게 찍었을까?
다 찾았니?

너도 보이니?

날개 달린 용 한 마리,
빨간 나비 한 마리,
그림 붓 하나,
은으로 된 펜 하나, 실패 하나,
전갈 세 마리, 코브라 한 마리,
달팽이 한 마리,
새의 깃털 하나,
개구리 세 마리,
너구리 꼬리 하나,
모래시계 두 개,
용 모양을 한
거울의 금 테두리 하나,
방금 불을 끈 양초 하나,
그리고 아직도 타고 있는
촛불 하나까지!

찾았니?

너도 보이니?

고양이 가면을 쓴 사람 한 명,
마차 바퀴 하나,
나비 가면 하나,
강철 검 한 자루,
토끼 가면을 쓴 사람 한 명,
로봇 하나,
후크 선장 한 명,
음표들,
양치기의 지팡이 하나,
공작새 가면을 쓴 사람 한 명,
마녀의 빗자루 하나!

거울 때문에 헷갈리지?
그래도 찾았니?

너도 보이니?

수동 핸드 믹서 두 대,
말굽자석 하나,
별 하나, 마이크 하나,
휴대 전화 한 대,
클래식 자동차 한 대,
클립 다섯 개,
망치 한 자루, 쇠사슬 하나,
물고기 한 마리, 부엉이 한 마리,
껍질 있는 땅콩 하나,
비행기 한 대,
숟가락 일곱 개, 톱 한 자루,
소화전 하나, 하트 다섯 개,
집에 있는 재료들로 만든
로봇 네 대까지!

다 찾았으면 좋겠다.
찾았니?

너도 보이니?

수박 한 조각,
파란 양동이 하나,
맛있는 아이스크림 하나,
초록 거북이 한 마리,
단추 하나, 낚싯바늘 하나,
예쁜 진주 반지 하나,
반으로 접힌 병뚜껑 하나,
빨대 하나, 튜브에 묶인 줄 하나,
새의 깃털 세 개,
새 다섯 마리,
모래를 가득 실은 짐수레 한 대,
말을 탄 사람 두 명,
활 쏘는 사람 한 명,
그리고 이것도 찾을 수 있을까?
모래로 만든 커다란 용 한 마리!

찾았니?

너도 보이니?

벌 네 마리, 새 세 마리,
노란 택시 한 대, 곰 두 마리,
새빨간 딸기 한 알,
새빨간 삽 한 자루,
의자 세 개,
사자 한 마리, 생쥐 한 마리,
하늘에 떠 있는 연 하나,
두 발로 서 있는 코끼리 한 마리,
뒤집어진 양동이 하나,
사과 한 알, 서양배 한 알,
작은 집 한 채,
그리고 바닥처럼 보이게
꼭꼭 숨어 있는
나무 블록 네 개까지!

눈이 핑핑 돌지?
그래도 다 찾았니?

너도 보이니?

하트 여왕 카드 한 장,
맨발의 왕 한 명,
현미경 하나,
딸랑딸랑 울리는 종 하나,
지혜로운 부엉이 세 마리,
무엇이든 알고 싶어 하는
개 한 마리,
뼈다귀 박쥐 하나,
음악을 좋아하는 개구리 한 마리,
말을 탄 사람 한 명,
불을 뿜는 산 하나,
그리고 어딘가에 비친
바쁜 듯 뛰어가는 토끼 한 마리!

으스스하지만 재미있지?
다 찾았니?

Cutting a Thread Hung in a Bottle.

너도 보이니?

코끼리 다섯 마리,
꼬리 긴 고양이 한 마리,
실패 하나,
바닥을 청소하는 나무 솔 하나,
구부러진 못 하나,
굴뚝 네 개,
나무 빨래집게 하나,
돼지 한 마리, 망아지 한 마리,
빙글빙글 돌리며 노는 팽이 하나,
끝없이 이어지는
에스허르의 계단 하나,
끈이 풀린 구두 한 켤레,
그리고 착시를 불러일으키는
나무 구조물 하나까지!

이상한 곳을 잘 찾아보자.
다 찾았니?

너도 보이니?

카메라 한 대,
시계 두 개, 열쇠 두 개,
비행기로 이어지는 계단 하나,
전자 기타 한 대,
하프 한 대,
말굽자석 하나,
달의 옆얼굴 하나,
치즈를 가는 도구 하나,
포크 하나, 나이프 하나,
숟가락 하나,
보라색 팔찌 한 줄,
거울 하나, 빗 하나,
그리고 우주선에 탄 세 친구!

다 찾았니?

지금까지 참 잘했어!

가면 파티

원숭이 한 마리,
잘 차려입은 생쥐 한 마리,
나비넥타이 두 개,
호랑이 한 마리,
거북이 세 마리, 나비 네 마리,
얼룩말 가면 한 개,
얼룩말 무늬 선글라스 한 개,
금빛 공작 깃털 하나,
파란 단추 하나,
도마뱀 한 마리,
멋진 갈기를 가진 사자 한 마리,
임금님의 왕관 하나,
다이아몬드로 장식된 검 한 자루,
루비 반지 하나!

거울의 신비

물고기 한 마리,
낚시꾼 한 명,
우스꽝스러운 어릿광대 다섯 명,
비행기 세 대,
왕관 두 개,
돼지 한 마리,
송아지 한 마리,
지구본 하나,
달 하나,
빨간 무당벌레 한 마리,
열기구 한 대,
점무늬가 있는 도미노 열 개,
그리고 주사위가 아홉 개 있는데
같은 것을 또 세지 않게 주의해!

눈이 핑글핑글

빙글빙글 도는 발레리나 한 명,
도중에 잘린 실 한 올,
태엽 달린 치아 모형 하나,
손수레 두 대,
용수철이 달린 인형 하나,
딸기 한 알,
말 두 마리,
생쥐 두 마리,
축구 선수 한 명,
야구공 하나, 주사위 네 개,
토끼 한 마리, 당근 두 개,
노란 오리 주둥이 하나,
빙글빙글 도는 팽이 여섯 개까지!

평평한 세계

알파벳 X 두 개, 곰 한 마리,
빨간 말코손바닥사슴 한 마리,
호랑이 한 마리,
나무 여섯 그루,
백조 한 마리, 거위 한 마리,
빨간 우산 하나, 파란 크레용 하나,
돼지 한 마리, 앵무새 한 마리,
분홍 클립 하나,
조그만 파란 의자 하나,
나무 빨래집게 하나,
시계 두 개, 튤립 한 송이,
그리고 종이로 만든
커다란 블록 세 개!

마법사의 거울

날개 달린 용 한 마리,
빨간 나비 한 마리,
그림 붓 하나,
은으로 된 펜 하나, 실패 하나,
전갈 세 마리, 코브라 한 마리,
달팽이 한 마리,
새의 깃털 하나,
개구리 세 마리,
너구리 꼬리 하나,
모래시계 두 개,
용 모양을 한 거울의 금 테두리 하나,
방금 불을 끈 양초 하나,
그리고 아직도 타고 있는
촛불 하나까지!

가장무도회

고양이 가면을 쓴 사람 한 명,
마차 바퀴 하나,
나비 가면 하나,
강철 검 한 자루,
토끼 가면을 쓴 사람 한 명,
로봇 하나,
후크 선장 한 명,
음표들,
양치기의 지팡이 하나,
공작새 가면을 쓴 사람 한 명,
마녀의 빗자루 하나!

로봇 만들기

수동 핸드 믹서 두 대,
말굽자석 하나,
별 하나, 마이크 하나,
휴대 전화 한 대,
클래식 자동차 한 대,
클립 다섯 개,
망치 한 자루, 쇠사슬 하나,
물고기 한 마리, 부엉이 한 마리,
껍질 있는 땅콩 하나,
비행기 한 대,
숟가락 일곱 개, 톱 한 자루,
소화전 하나, 하트 다섯 개
집에 있는 재료들로 만든
로봇 네 대까지!

꼭꼭 숨어 있는 용

수박 한 조각,
파란 양동이 하나,
맛있는 아이스크림 하나,
초록 거북이 한 마리,
단추 하나, 낚싯바늘 하나,
예쁜 진주 반지 하나,
반으로 접힌 병뚜껑 하나,
빨대 하나, 튜브에 묶인 줄 하나,
새의 깃털 세 개,
새 다섯 마리,
모래를 가득 실은 짐수레 한 대,
말을 탄 사람 두 명,
활 쏘는 사람 한 명,
모래로 만든 커다란 용 한 마리!

처음 보는 체크무늬 방

벌 네 마리, 새 세 마리,
노란 택시 한 대, 곰 두 마리,
새빨간 딸기 한 알,
새빨간 삽 한 자루,
의자 세 개,
사자 한 마리, 생쥐 한 마리,
하늘에 떠 있는 연 하나,
두 발로 서 있는 코끼리 한 마리,
뒤집어진 양동이 하나,
사과 한 알, 서양배 한 알,
작은 집 한 채,
그리고 바닥처럼 보이게
꼭꼭 숨어 있는
나무 블록 네 개까지!

신기한 장식 선반

하트 여왕 카드 한 장,
맨발의 왕 한 명,
현미경 하나,
딸랑딸랑 울리는 종 하나,
지혜로운 부엉이 세 마리,
무엇이든 알고 싶어 하는
개 한 마리,
뼈다귀 박쥐 하나,
음악을 좋아하는 개구리 한 마리,
말을 탄 사람 한 명,
불을 뿜는 산 하나,
그리고 어딘가에 비친
바쁜 듯 뛰어가는 토끼 한 마리!

이상한 일터

코끼리 다섯 마리,
꼬리 긴 고양이 한 마리,
실패 하나,
바닥을 청소하는 나무 솔 하나,
구부러진 못 하나,
굴뚝 네 개,
나무 빨래집게 하나,
돼지 한 마리, 망아지 한 마리,
빙글빙글 돌리며 노는 팽이 하나,
끝없이 이어지는
에스허르의 계단 하나,
끈이 풀린 구두 한 켤레,
그리고 착시를 불러일으키는
나무 구조물 하나까지!

우주 정거장으로!

카메라 한 대,
시계 두 개,
열쇠 두 개,
비행기로 이어지는 계단 하나,
전자 기타 한 대,
하프 한 대,
말굽자석 하나,
달의 옆얼굴 하나,
치즈를 가는 도구 하나,
포크 하나, 나이프 하나,
숟가락 하나,
보라색 팔찌 한 줄,
거울 하나, 빗 하나,
그리고 우주선에 탄 세 친구!

어릴 적 《거울 나라의 앨리스》를 읽었습니다. 《이상한 나라의 앨리스》에 이어지는 이야기 말이에요. 주인공 앨리스는 아기 고양이와 놀다가 반대로만 보이는 거울 너머의 세상을 궁금해하지요. 그리고 거울을 통해 그곳으로 들어가 다양한 경험을 하게 됩니다. 그 책을 읽으며 나 역시도 거울 너머에 신기한 세계가 있다고 믿었고, 그곳을 몹시 궁금해했어요. 현실인 듯 현실 같지 않고, 모든 것이 좌우로 뒤바뀌어 있는 데다, 분명 보이는데 만질 수는 없는 그런 세계 말이에요.

좀 더 자란 뒤에는 '펜로즈의 삼각형'이며 '에스허르의 계단'과 같은 '있을 수 없는 물체'에 대해 알게 되었지요. '펜로즈의 삼각형'은 영국 수학자 로저 펜로즈가 자신의 아버지와 함께 세 개의 막대 기둥으로 만든 삼각형 도형인데, 막대 기둥이 서로 직각을 이루어 연결되어 있어요. 그야말로 현실적으로 있을 수 없는 도형이지요. 알다시피 삼각형이 되려면 세 막대 기둥이 서로 직각이 아닌 60도의 각도를 이루어야 하니까요. 실제로는 그런 삼각형을 만들 수는 없는데도, 그림으로 보면 아무 문제가 없으니 우리 눈이 뭔가 착각을 일으키고 있는 게 틀림없어요. '에스허르의 계단'은 네덜란드 판화가 에스허르가 그린 계단 그림이에요. 분명 계단을 올라갔는데 다시 처음의 계단으로 내려오게 되어요. 그러니까 절대 높은 곳으로 오를 수 없고 끝도 없는 계단이지요. 이 역시 실제로는 있을 수 없지만, 그림으로 볼 때 가능해 보이죠. 착시의 세계는 정말 재밌고 놀라워요.

그래서 나도 그림과 사진으로 재미있는 '착시의 세계' 이야기를 만들어 보았답니다. 맨 처음 '착시'에 대해 알게 해 준 '거울 나라'를 꾸며 보기도 했고, '펜로즈의 삼각형'과 '에스허르의 계단'도 만들어 보았어요. 거울 속에 펼쳐진 또 다른 세상은 여러분의 호기심을 자극할 것이고, 에스허르의 계단이 있는 어딘지 이상한 일터와 펜로즈의 삼각형 모양을 한 우주 정거장은 놀라움을 선사할 거예요. 내려다보고 있는데도 하늘을 올려다보는 기분이 들고, 멈춰 있는 팽이가 혼자서 끊임없이 돌고 있는 듯한 착각이 일며, 평평한 세계가 입체적으로 느껴지는 '착시의 세계'를 마음껏 즐기시길 바랍니다.

월터 윅은 전 세계적으로 3천만 부 가까이 판매된 〈나는 찾아요〉 시리즈의 작가입니다. 그가 직접 글을 쓰고 사진을 찍은 《물 한 방울》은 '보스턴 글로브 혼 북' 상을 받았으며, 미국 도서관 협회의 '주목할 만한 책', '오르비스 픽토스 명예 도서', 캐나다 방송 협회의 '우수 어린이 과학도서'로 선정되었습니다. 또 다른 책 《눈속임》 역시 미국 도서관 협회의 '주목할 만한 어린이 책', 〈뉴욕타임스〉 북리뷰의 '우수 어린이 그림책'으로 선정되었으며, 〈오펜하임 장난감 작품 선집〉의 '플래티늄 상', 〈사이언티픽 아메리칸〉의 '어린이 독자상', 미국 학부모들이 고른 '좋은 책' 상 등 여러 상을 받았습니다. 파이어 미술대학을 졸업한 월터 윅은 현재 미국 코네티컷주에서 부인 린다와 함께 살고 있습니다.

＊ 월터 윅에 관련된 더 많은 정보는 www.walterwick.com에서 보실 수 있습니다.

고향옥은 동덕여자대학교와 동 대학원에서 일본 문학을 전공하고, 일본 나고야 대학교에서 일본어와 일본 문화를 공부했습니다. 지금은 좋은 일본책을 우리말로 옮기는 일에 힘쓰고 있습니다. 옮긴 책으로는 《우리들의 7일 전쟁》, 《하모니 브러더스》, 《컬러풀》, 《있으려나 서점》, 《아빠가 되었습니다만》, 〈수학가게〉 시리즈 등이 있습니다. 《러브레터야, 부탁해》로 2016년 국제아동청소년도서협의회(IBBY) 어너리스트 번역 부문에 선정되었습니다.

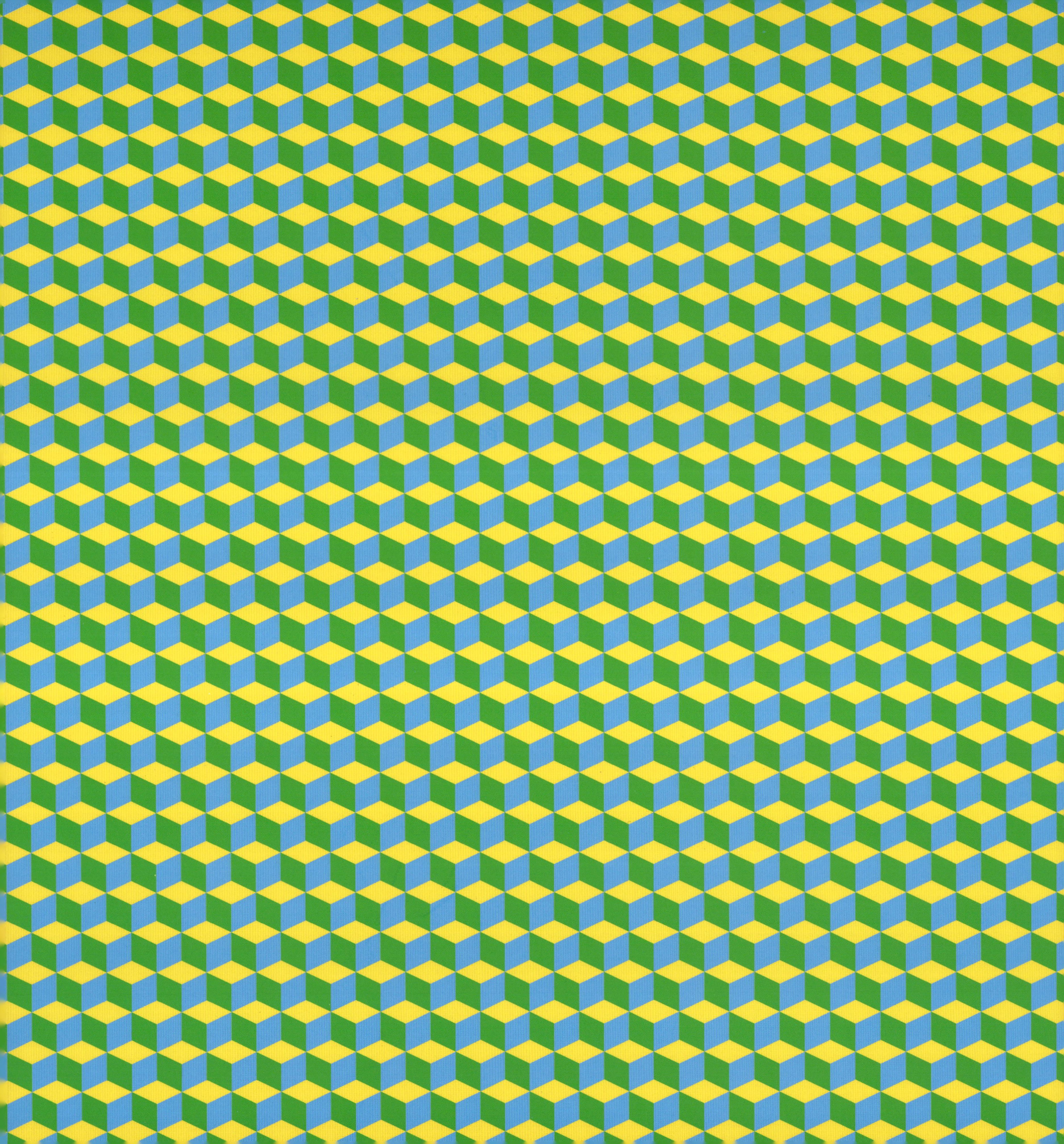